MANUEL
THÉORIQUE ET PRATIQUE
DU MAGNÉTISME,

ou

MÉTHODE FACILE
POUR APPRENDRE A MAGNÉTISER,

PAR M. DE COURTEIX.

*Rédigé d'après les rapports de l'académie
royale de médecine, et les expériences des meilleurs ma-
gnétiseurs et obser-
vateurs.*

PRIX : 1 fr. 25 c.

PARIS,

A LA LIBRAIRIE SCIENTIFIQUE ET MÉDICALE,
Rue de Seine 29,

— 1842 —

MANUEL

THÉORIQUE ET PRATIQUE

DU MAGNÉTISME,

ou

MÉTHODE FACILE

POUR APPRENDRE A MAGNÉTISER,

PAR M. DE COURTEIX.

Rédigé d'après les rapports de l'académie royale de médecine, et les expériences des meilleurs magnétiseurs et observateurs.

PRIX : 1 fr. 25 c.

PARIS,

A LA LIBRAIRIE SCIENTIFIQUE ET MÉDICALE,

Rue de Seine 29,

— 1842 —

« Que celui qui a des oreilles entende que celui qui a des yeux les ouvre et regarde, car les temps approchent,

F. de L.

C'est un devoir pour moi d'exposer les vérités dont j'ai la certitude, sans m'inquiéter du jugement des incrédules.

Nevers, imp. de F. LACOCHE.

AVANT-PROPOS.

Pour être en état de juger successivement un ouvrage sur le magnétisme, il faut avoir magnétisé soi-même. Mais qu'est-ce donc que le magnétisme? — Si quelqu'un m'adressait actuellement cette question, je lui répondrais : lisez monsieur, lisez mon manuel ; je ne vous le donne point pour un chef-d'œuvre, tout au plus pour un bon livre, mais encore vaut-il la peine d'être lu ; et s'il ne renferme pas la définition rigoureuse que vous exigez, au moins y trouverez-vous quelques aperçus exacts, avec bon nombre de vérités sans mélange et sans exagération ; voilà du reste le seul éloge qu'il me soit permis d'en faire, et je le déclare, le seul que je me sois attaché à mériter ; quant à moi, je l'avoue, j'aime à me bercer de l'espérance d'avoir écrit un livre utile en composant ce manuel, dont l'objet n'est certainement pas de reculer les bornes de la science , mais seulement d'augmenter le nombre des magnétiseurs.

Attendu le cadre qui m'était imposé , j'ai dû souvent être concis pour être complet, mais heureusement mon sujet était de nature à compter cette concision , sans rien perdre de sa clarté , enseigner l'art du magnétisme , en jeter les éléments dans toutes les classes de la société , faire entrevoir enfin les immenses avantages que l'humanité doit en retirer un jour; tel est le but complet que je me suis proposé en me mettant à l'œuvre, plaise à Dieu que j'aie réussi.

MANUEL

THÉORIQUE ET PRATIQUE

DU MAGNÉTISME.

Le magnétisme ou l'action de magnétiser, se compose de trois choses : 1. la
volonté d'agir; 2. un signe qui soit l'expression de cette volonté; 2. la confiance
au moyen qu'on emploie; voilà tout le
nécessaire.

DES DIFFÉRENTES MANIÈRES DE MAGNÉTISER.

1. L'homme a la faculté d'exercer
sur ses semblables une influence salutaire, en dirigeant sur eux par sa volonté,
le principe qui nous anime et nous fait
vivre.

2. On donne à cette faculté le nom de magnétisme : elle est une extension du pouvoir qu'ont tous les êtres vivants d'agir sur ceux de leurs propres organes qui sont soumis à la volonté.

3. Nous ne nous apercevons de cette faculté que par les résultats , et nous n'en faisons usage qu'autant que nous le voulons.

4. Donc la première condition pour magnétiser , c'est de vouloir.

1. La volonté seule, ainsi que nous en fournirons la preuve, a suffi pour magnétiser ; 2. qu'il n'est point impossible d'endormir certains sujets, en employant justement les procédés dont on se sert pour provoquer le réveil ; 3. enfin qu'une volonté négative neutralise complètement les moyens physiques dont l'effet ordinaire est d'endormir ; observons toutefois que, dans ces deux derniers cas, une

sensation résulte pour le magnétisé de cette espèce de démenti que la pensée donne aux gestes chez le magnétiseur , l'expérience prouve d'ailleurs que les procédés manuels, ont une valeur intrinsèque, et méritent d'être étudiés ; ces procédés peuvent varier, à l'infini, puisque chaque magnétiseur a pour ainsi dire le sien ; nous allons néanmoins passer en revue la plupart de ceux qui sont usités , nous réservant à l'examen de chacun d'eux, d'en signaler les avantages et les inconvénients.

MÉTHODE ORDINAIRE D'APRÈS DELEUZE.

Une fois que vous serez d'accord, et bien convenus de traiter gravement la chose, éloignez du malade toutes les personnes qui pourraient vous gêner ; ne gardez auprès de vous que les témoins nécessaires (un seul s'il se peut), et demandez-leur de ne s'occuper nullement des procédés que vous employez et des effets qui en sont la suite, mais de s'unir d'intention avec vous pour faire du bien au malade. Arrangez-vous de manière à n'avoir ni trop chaud ni trop froid, à ce que rien ne gêne la liberté de vos mouvements, et prenez des précautions pour n'être pas interrompu pendant la séance.

Faites ensuite asseoir votre malade (1) le plus commodément possible, et placez-vous vis-à-vis de lui, sur un siége un peu plus élevé, et de manière que ses genoux soient entre les vôtres et que vos pieds soient à côté des siens. Demandez-lui d'abord de s'abandonner, de ne penser à rien, de ne pas se distraire pour

(1) Deleuze ne magnétisait que des malades, et il avait raison.

examiner les effets qu'il éprouvera ,
d'écarter toute crainte, de se livrer à
l'espérance, et de ne pas s'inquiéter ou
se décourager; le magnétiseur ne doit
s'inquiéter non plus si l'action du magnétisme produit chez lui des douleurs
momentanées.

Après vous être recueilli , prenez ses
pouces entre vos deux doigts, de manière
que l'intérieur de vos pouces touche l'intérieur des siens, et fixez vos yeux sur
lui. Vous resterez de deux à cinq minutes dans cette situation, ou jusqu'à ce
que vous sentiez qu'il s'est établi une cha-
leur égale entre ses pouces et les vôtres :
cela fait , vous retirerez vos mains en les
écartant à droite et à gauche et les tour-
nant de manière que la surface intérieure
soit en dehors, et vous les élèverez jusqu'à la hauteur de la tête ; alors vous les
poserez sur les deux épaules, vous les y

laisserez environ une minute, et vous les ramènerez le long des bras jusqu'à l'extrémité des doigts, en touchant légèrement. Vous recommencerez cette passe cinq ou six fois, en détournant vos mains et les éloignant un peu du corps pour remonter. Vous placerez ensuite vos mains au-dessus de la tête, vous les y tiendrez un moment, et vous les descendrez en passant devant le visage à la distance d'un ou deux pouces jusqu'au creux de l'estomac : là, vous vous arrêterez environ deux minutes en posant les pouces sur le creux de l'estomac, et les autres doigts au-dessous des côtes. Puis vous descendrez lentement le long du corps jusqu'aux genoux, ou mieux, et si vous le pouvez sans vous déranger, jusqu'au bout des pieds. Vous répéterez les mêmes procédés la plus grande partie de la séance. Vous vous rapprocherez aussi quelquefois du malade, de manière à poser vos mains derrière ses épaules pour descendre lentement le long de l'épine du dos , et de là sur les hanches, et le long des cuisses jusqu'aux genoux ou jusqu'aux pieds. Après les premières passes, vous pouvez vous dispenser de poser les mains sur la tête, et faire les passes suivantes sur les bras, en commençant aux épaules, et sur le corps en commençant à l'estomac.

La méthode dont on vient de lire la description est en général celle qu'il faut suivre lorsqu'on commence à magnétiser. Cependant je crois pouvoir observer que le contact absolu des mains sur la tête et l'épigastre n'est point indispensable; ce contact au contraire est un sujet de distraction et n'ajoute rien à l'efficacité du procédé. J'ai cru remarquer également que les passes que l'on prati-

quait le long du rachis n'avaient point
une action bien marquée, et pour mon
compte, j'ai depuis long-temps cessé d'en
faire usage. —Enfin, règle générale, toute
espèce de toucher direct me paraît super-
flu ; et dans l'intérêt même de leur pratique, comme dans l'intérêt des conve-
nances, j'engage tous les magnétiseurs à
s'en abstenir.

Le plus ordinairement je me tiens debout devant la personne que je veux magnétiser, et même à une certaine distance
d'elle ; après les quelques minutes de recueillement qui doivent précéder toute
expérience, je lève ma main droite à la
hauteur de son front, et je dirige lentement mes passes de haut en bas, au devant du visage, de la poitrine et du ventre ;
seulement, à chaque fois que je relève ma
main, j'ai le soin de laisser tomber mes
doigts, de telle façon que leur face dor-

sale regarde le magnétisé pendant mon mouvement d'ascension, et leur face palmaire pendant les passes. — Ce procédé est simple, trop simple peut-être ; aussi ne conseillerai-je de l'employer que sur des sujets accoutumés déjà au magnétisme, et susceptibles de s'endormir facilement. La méthode de Deleuze avec les légères modifications que j'ai indiquées est de beaucoup à préférer pour les premiers essais. Mais en définitive tous les procédés réussissent lorsqu'ils inspirent de la confiance à ceux qui les emploient, et lorsque ceux-ci sont bien pénétrés de leur pouvoir.

MAGNÉTISATION PAR LA TÊTE.

C'est un des procédés les plus prompts et les plus énergiques que je connaisse ; voici en quoi il consiste : Vous vous asseyez en face de la personne que vous voulez magnétiser ; vous faites d'abord quelques longues passes, de haut en bas, au devant du visage et suivant l'axe du corps ; après quoi vous étendez vos deux mains à quelques pouces du front et des régions pariétales, et demeurez ainsi pendant quelques minutes. Tout le temps que dure l'opération vous variez peu la position de vos mains, vous contentant de les porter lentement à droite et à gauche, puis à l'occiput pour revenir ensuite au front où vous les laissez indéfiniment, c'est-à-dire jusqu'à ce que le sujet soit endormi. Alors vous faites des passes sur les genoux et les jambes, pour *attirer le fluide* en bas, suivant l'expression des magnétiseurs. Le fait est que l'intervention du fluide est au moins très-commode pour expliquer clairement ce que l'on veut faire comprendre, et dans le cas dont je parle, je voudrais bien être sûr que cet impondérable existe, afin de pouvoir dire qu'en recommandant des passes sur les extrémités inférieures, c'est une révulsion ou plutôt une dérivation magnétique que je conseille. Au surplus, malgré cette précaution, la magnétisation par la tête est loin d'être sans inconvénients; elle expose pour le moins à la céphalalgie, quelquefois à la migraine, et d'autres fois même (ce qui est à la vérité fort rare), à des accidents plus sérieux. En voici un exemple : Henriette L. est âgée de quinze ans et quelques mois. D'un physique assez agréable; elle jouit généralement parlant d'une bonne santé; mais les innombrables romans qu'elle a lus ont développé chez elle des idées excentriques, et sinon des mœurs mauvaises, du moins certaines habitudes érotiques, qui finiront sans doute par compromettre l'intégrité de ses facultés mentales; du reste, je la crois incorrigible sur ce point (non pas que j'aie entrepris sa conversion), mais parce que pour son malheur, la nature n'a mis dans sa tête qu'une raison infime, dominée par un incroyable entêtement. Quoi qu'il en soit, Henriette éprouvait depuis quelques semaines dans le genou droit une douleur obscure dont l'origine et la nature m'embarrassaient également, et sur laquelle j'aurais été enchanté de connaître le diagnostic qu'elle-même en porterait en somnambulisme. Voilà donc pourquoi je la magnétisai. Quant au procédé que je suivis, l'impatience et la mobilité du caractère de la malade me le prescrivaient ; j'avais hâte de profiter de ses bonnes dispositions, et je voulais être expéditif. Je le fus en effet ; car en moins de trois minutes Henriette, qui avait eu l'invincible fantaisie de rester debout, se trouva endormie et tomba sur sa chaise. Je la débarrassai alors (momentanément) de sa douleur de genou en faisant des passes sur cette partie; mais les réponses qu'elle me fit ne m'apprirent absolument rien sur l'étiologie et la pathogénésie de cette douleur. Je songeai alors à l'éveiller, et ce fut ici que l'inquiétude me prit, car après une demi-heure entière de gestes et d'efforts Henriette dormait encore. De plus, elle était évidemment agitée, et par moments tous ses membres se raidissaient spasmodiquement, tandis qu'elle jetait des cris à effrayer les personnes accourues au vacarme qu'elle faisait. A la fin, elle ouvrit les yeux, se les frotta long-temps avec le revers de ses mains, puis se leva brusquement en poussant de grands éclats de rire : la pauvre fille était en démence, et ce délire dura trois jours.

Voici au reste la contre-partie de l'accident que dans cette circonstance on fut en droit de reprocher au magnétisme. Deux jours plus tard, Henriette magnétisée de nouveau, mais par le procédé de Deleuze, recouvre toute sa raison dans son somnambulisme, et nous indique si bien ce qu'il faut lui faire pour la guérir, qu'elle guérit en effet par son ordonnance, non-seulement de son aliénation, mais encore de son mal de genou. — Néanmoins, cet évènement nous a dégoûté du procédé magnétique qui y avait donné lieu.

MAGNÉTISATION AU MOYEN DU REGARD.

Ce procédé ne peut pas être employé par tout le monde. Il exige dans celui qui s'en sert un regard vif, pénétrant et susceptible d'une longue fixité; encore ne réussirait-il que fort rarement sur des sujets qu'on magnétiserait pour la première fois ; quoiqu'il me soit dernièrement arrivé d'endormir par la simple puissance du regard, et dès la première séance, un homme de trente ans, sans contredit plus robuste que moi. Au surplus, je ne magnétise presque jamais autrement mes somnambules habitués, lorsqu'il s'agit de quelque expérience de vision ; car j'ai cru remarquer que ce genre de magnétisation augmentait la clairvoyance. Voici la manière de procéder : Vous vous asseyez vis-à-vis de votre sujet ; vous l'engagez à vous regarder le plus fixement qu'il pourra, tandis que de votre côté vous fixez sans interruption vos yeux sur les siens. Quelques profonds soupirs soulèveront d'abord sa poitrine ; puis ses paupières clignoteront, s'humecteront de larmes, se contracteront fortement à plusieurs reprises, puis enfin se fermeront. De même que dans le procédé précédemment décrit, c'est encore ici le cas de terminer par quelques passes dérivatrices sur les membres inférieurs ; mais encore, si votre sujet vous a offert de la résistance, aurez-vous de la peine à lui éviter les atteintes de migraine que la magnétisation par les yeux occasionne volontiers et dont vous-mêmes ne serez pas toujours exempt. L'expérience m'a d'ailleurs démontré que plus le magnétiseur était rapproché du magnétisé, plus l'action du regard était puissante; mais cela n'empêche pas qu'on ne puisse magnétiser ainsi à des distances considédérables.

MAGNÉTISATION PAR LA SIMPLE VOLONTÉ.

Il peut se présenter deux cas : ou vo-

tre sujet sait que vous allez le magnéti-
tiser, ou il ignore complètement ce que
vous allez faire, et même jusqu'à votre
présence. — Prouver que cette dernière
expérience est possible, c'est à coup sûr
éliminer toute espèce de discussion relativement à la première. Or, indépendamment de nos observations personnelles,
des faits authentiques et connus vont
nous servir de démonstration. Il n'est
personne qui n'ait lu la relation des expériences faites à l'Hôtel-Dieu de Paris,
par M. Dupotet, sous les yeux et
dans le service de M. Husson. Le caractère et la position scientifique des médecins qui assistèrent à ces expériences,
ne permettant point de suspecter la véra-
cité du narrateur.

DU NOMBRE ET DE L'HEURE DES SÉANCES.

Il est assez rare que dès la première séance on produise le sommeil, et surtout le somnambulisme. Il arrive même quelquefois que les premiers effets qu'on détermine sont si peu marqués, qu'ils passent inaperçus ; mais ce n'est point une raison pour décider que le sujet est incapable d'entrer en somnambulisme. Recommencez le lendemain, puis le surlendemain, puis huit jours de suite, et c'est alors seulement que vous serez en mesure de porter un jugement définitif. Encore ce jugement ne se rapportera-t-il qu'à une seule circonstance ; celle de votre impuissance magnétique relativement à telle personne.

Gardez-vous en toute occasion de vous

laisser décontenancer par un ou deux in-
succès, et surtout de donner des marques
de découragement, car ce serait vous ra-
vir pour la suite la confiance qu'on avait
en vous. Prévenez même à l'avance la
personne que vous magnétiserez du peu
d'espoir que vous avez de l'endormir dès
la première fois; demandez-lui tout en
commençant de vous accorder un certain
nombre d'essais, pendant lesquels vous
soutiendrez sa patience en lui montrant
les résultats; enfin, si après l'écoulement
du temps convenu vous n'avez point réussi, il vous sera facile encore de trouver
pour vous-même et les autres une expli-
cation satisfaisante à votre succès.

Je ne saurais trop engager les personnes qui veulent se livrer à la pratique du
magnétisme, à ne tenter leurs premières
expériences que sur des sujets qui leur
offrent de bonnes conditions de réussite;

sinon, elles céderont au découragement
et s'arrêteront en chemin.

Chacune des séances doit être de vingt
minutes au moins. Lorsqu'on n'a point
l'habitude de magnétiser, ces vingt minutes paraissent fort longues, par la fatigue que font éprouver les mouvements
qu'on se donne. Il ne faut pas attendre
pour se reposer que cette fatigue soit extrême ; car elle deviendrait un irrésisti-
ble sujet de distraction, et par tant un
obstacle insurmontable. Il est bon au
contraire de se reposer souvent, et si la
volonté, qui d'ailleurs se fatigue beaucoup
moins vite que les bras, conserve sa direction pendant ces moments d'arrêt, l'action magnétique se continue et rien ne
s'oppose à la prolongation de la séance.

L'important est que les expériences
soient tous les jours faites à la même
heure. Les personnes étrangères à l'ob-

servation médicale et aux études physiologiques ont en effet de la peine à s'imaginer avec quelle facilité notre corps contracte certaines habitudes. La reproduction régulièrement périodique de leur appétit, de leur sommeil, et en un mot de tous leurs besoins physiques, peut leur en donner une idée, M. le docteur Leuret de Lyon, après s'être trois nuits de suite plongé à minuit sonnant dans un bain froid, éprouva un frisson la quatrième nuit à la même heure, bien qu'il fût alors chaudement couché dans son lit. Il n'est donc point étonnant que les effets magnétiques acquièrent promptement de la tendance à se reproduire à heures fixes, et voilà comment l'expérience de la veille peut préparer celle du lendemain, si les deux sont faites à la même heure.

Pendant l'instant de recueillement qui doit de rigueur précéder chaque séance,

vous rassemblez, vous concentrez vos
forces; vous éloiguez de votre esprit toute
pensée étrangère ; vous vous pénétrez des
souvenirs que peuvent corroborer la confiance que vous avez en vous-même;
enfin vous vous retracez nettement l'ima-
ge des résultats auxquels vous vous pro-
posez d'atteindre. Cela fait, vous donnez
l'essor à votre volonté, et vous ne commencez qu'avec la certitude de réussir.

Le rôle de la personne qui se soumet
à votre action est tout d'ifférent du vôtre.
C'est un rôle passif; s'abandonner et ne
penser à rien, voilà en quoi il consiste.

Si votre sujet est d'une constitution
délicate, d'un tempéramment nerveux et
impressionnable, si enfin dès vos premières passes il confesse un malaise qu'il
déclare ne pouvoir supporter long-temps,
modérez un peu votre action, et dirigez-
la sur les parties éloignées de celles où
s'est manifestée la douleur.

Si cet état de malaise augmente malgré vos précautions, éloignez-vous un peu en mettant plus de lenteur dans vos mouvements et moins d'action dans votre volonté, et adressez surtout à votre sujet de ces paroles qui rassurent et qui encouragent.

Enfin, s'il se déclare de véritables accidents, tels que des spasmes violents, des convulsions, une syncope, etc., faites appel à votre sang-froid; ne demandez aide à personne, alors même que vous seriez seul avec votre sujet, et gardez-vous de recourir à des moyens pharmaceutiques qui ne lui serait alors d'aucun secours. Ce que vous avez à faire, c'est de continuer l'opération et de la pousser rapidement jusqu'au somnambulisme; car ce nouvel état ne se sera pas plus tôt manifesté, que tout l'appareil alarmant dont vous songez déjà à vous reprocher amèrement les conséquences, aura fait

place au calme le plus parfait. Cependant
si parmi les assistants il se trouve des
parents ou des amis de la personne que
vous magnétisez, et qui vous prient ins-
tamment de suspendre l'expérience, rendez-vous à leur désir, mais commencez
par rendre le calme à votre patient en le
démagnétisant.

DES PROCÉDÉS A SUIVRE POUR ÉVEILLER LES SOMNAMBULES.

Les éléments de ce petit chapitre qui
devrait à la rigueur faire partie du pré-
cédent, se réduisent à peu de chose. Cependant j'éprouvai un tel embarras à ré-
veiller mes premiers somnambules, que
dès ce temps-là je me promis bien, si je
venais jamais à écrire un livre didactique
sur le magnétisme, de rassembler dans
un article à part ce que j'aurais appris
sur ce sujet. Dès le principe, il est vrai,

la moindre réflexion aurait pu me tracer les indications que j'avais à remplir; mais qui pourrait se flatter de réfléchir toujours à temps? Et puis, est-on bien porté à méditer sur une chose à laquelle on ne croit pas, ou à laquelle on ne croit qu'à demi? L'espérance d'endormir le premier somnambule que je fis était si éloigné de mon esprit pendant que je le magnétisais, que je ne songeais guère aux moyens que j'emploierais pour le tirer de son somnambulisme; mais il n'y a tel que les fautes pour donner de l'expérience.

Rien de plus simple au monde que d'éveiller un somnambule; mais encore est-il pour cela certaines précautions à prendre, et dont il est bon de se pénétrer. La première chose à faire est de le prévenir de vos intentions, et de l'inviter à les partager; la moitié de la besogne est faite dès qu'il a le désir de s'éveiller. Une circonstance peu commune, mais fort embarrassante, peut se présenter ici, c'est que votre somnambule n'ait pas la conscience de son état. Comment alors lui inculquer le désir de s'éveiller s'il a la persuasion qu'il ne dort pas? On est alors réduit à agir sans son concours, et à l'éveiller malgré lui, ce qui manque rarement de l'agiter un peu. Dans les premiers temps que je magnétisais madame Hortense, je m'effrayais dès qu'il s'agissait de la tirer de son somnambulisme; c'était toujours une querelle, et quelquefois un *combat*. On sait qu'il en est de même à l'égard des somnambules naturels; mais heureusement, je le répète, ce n'est que rarement qu'on a éprouvé l'ennui de cette singularité.

Lors donc que votre sujet est prévenu, vous le ramenez à son fauteuil; s'il l'a quitté

pendant l'expérience, vous vous recueillez une minute comme en commençant
l'opération, puis vous vous mettez à procéder en ordre inverse; c'est-à-dire que
la volonté d'éveiller remplace dans votre
esprit la volonté d'endormir, et que vous
faites des passes horizontales au lieu de
passes verticales. — Les deux opérations
en général doivent durer le même temps;
et si vous désirez ne pas voir se prolonger
l'état de somnolence et d'alourdissement
qui suivra le réveil, il ne faut point tenir
votre sujet pour éveillé dès l'instant où
il aura ouvert les yeux, mais bien continuer à le *démagnétiser* jusqu'à ce qu'il
se sente parfaitement rétabli dans son
état normal.

Quant aux passes horizontales, voici
comment vous les pratiquez : vous rapprochez vos deux mains l'une de l'autre.
Vous réitérez le même mouvement un

certain nombre de fois au-devant du visage, après quoi vous le répétez en des-
cendant sur toute la ligne médiane jusqu'aux membres inférieurs inclusivement.
Enfin, vous terminez par quelques grandes
passes, après chacune desquelles les magnétiseurs ont la coutume de secouer leurs
doigts, persuadés qu'ils sont, sans doute,
d'avoir à chacun de ces gestes, la main
pleine de *fluide magnétique*; mais je
crois, quant à moi, que cette petite précaution qui matérialise assez malheureu-
sement une hypothèse infiniment subtile,
est loin d'être indispensable.

Quoi qu'il en soit, et quelques moyens
qu'on emploie pour soutirer le *fluide*, le
réveil se fait d'autant plus attendre, qu'il
a fallu plus de temps pour endormir, et
que le somnambulisme a été plus prolon-
gé. Quant aux accidents nerveux, on les
évite en procédant avec réserve, avec

lenteur s'il le faut, et toujours avec patience. Enfin il arrive parfois que, quoi qu'on fasse, ces accidents surviennent; mais c'est l'affaire de quelques instants pour les dissiper. — De l'eau sucrée, le grand air, quelques excitants, tels qu'un peu d'éther ou de liqueur d'Hoffmann, voilà le *maximum* des ressources médicamenteuses que puisse nécessiter la circonstance. S'il reste de la tendance à dormir, Deleuze conseille quelques heures de repos au lit, mais je ne vois point la nécessité de cette précaution; je préfère en général la promenade en plein air, et je ne conseille le lit que lorsque le magnétisme a causé de la migraine ou une céphalalgie intense. — Enfin le plus souvent il n'est absolument besoin d'aucune espèce de secours ni hygiénique ni thérapeutique, et les somnambules ont trouvé dans quelques heures de sommeil magné-

tique, le repos réparateur que nous donne une nuit entière de sommeil ordinaire.

DE LA FATIGUE ÉPROUVRÉ PAR LES MAGNÉ-TISEURS. — DU SOMNAMBULISME DÉTER-MINÉ PAR CERTAINS MÉDICAMENTS, — QUELQUES CONSIDÉRATIONS SUR LA NATURE DU MAGNÉTISME.

« Le traitement', surtout par contact ,
dit de Jussieu, peut fatiguer ceux qui l'ad-
ministrent. Je ne l'ai point éprouvé sur
moi, mais j'en ai vu plusieurs, exténués
après de longues séances, recourir au baquet et à l'attouchement d'un autre homme, et retrouver des forces en combi-
nant ces deux moyens. » —Je ne sais
pas si le contact du baquet mesmérien
aurait produit ce dernier effet sur moi;
mais ce que je sais bien, c'est que je

m'estimerais fort heureux de trouver un moyen aussi efficace de réparer mes forces après une longue séance magnétique. Indépendamment de la lassitude souvent extrême que me cause la manœuvre des passes, lassitude qu'accompagne une abondante transpiration et que suit un brisement dans tous les membres, je ressens après chaque expérience une autre espèce de fatigue qui, portant principalement sur les centres nerveux, ressemble à cette sorte d'abattement que détermine un travail intellectuel forcé. Ma main tremble, ma vue est trouble, je serais incapable d'écrire, et si je me mets au lit, une indéfinissable agitation m'empêche de dormir. Ces effets sont du reste subordonnés au sujet qu'on magnétise, à la manière dont on procède, et surtout aux dispositions dans lesquelles on se trouve; les magnétiseurs vigoureux ne se doutent pas même de leur existence. Quant à moi, il m'est plusieurs fois arrivé de m'entendre dire séance tenante : Monsieur, vous pâlissez; je m'assurais du fait en me regardant à une glace, et toujours j'en constatais l'exactitude. Cependant cette subite pâleur n'était point le résultat de la fatigue physique; car souvent alors je magnétisais sans gestes. Mais il en coûte de *vouloir* fortement et long-temps la même chose, et personne n'ignore que les efforts cérébraux n'aient une limite passé laquelle l'organe commence à souffrir. C'est en un mot un rude métier que celui de penseur; et la santé s'y use plus vite qu'à porter les fardeaux à la halle. Or, vouloir comme veulent les magnétiseurs est bien pire que penser; car je sens que je mourrais à la peine si je magnétisais sans désemparer seulement une journée entière. —Je ne me suis d'ailleurs jamais aperçu que le contact d'autres hommes fût pour moi, en pareille occurence, un moyen de réparation, et le plus mesquin dîner me paraît beaucoup plus apte à rendre les forces que toutes les poignées de mains du monde.

Au surplus il ne faudrait pas que cette circonstance alarmât nos prosélytes, puisqu'en définitive, après avoir magnétisé peut-être cinq cents personnes, je ne suis point encore mort d'épuisement. Mes intentions se bornaient donc à mentionner un fait physiologique, qu'en raison d'une excessive impressionabilité, j'ai dû peut-être apprécier mieux qu'un autre, et duquel me semblent découler d'importants corollaires. En effet, c'est en partie d'après ces données que nous pouvons établir les conditions physiques d'un bon magnétiseur. Il doit être fort, d'un moral énergique, et surtout bien portant,

car comment un malade pourrait-il trouver en lui de la santé pour les autres?
C'est peut-être en cédant à un somnambule la moitié de la puissance vitale dont
on est doué qu'on crée chez lui cette vie
extraordinaire, dont une exubérante ac-
tivité fonctionnelle caractérise tous les
actes. Il faut enfin avoir un excédant
de force pour magnétiser avec succès,
si non l'on souffre des efforts qu'on est
obligé de faire ; car lorsqu'on a tout juste
de la santé pour soi-même, on se rend
nécessairement malade en en cédant à
autrui. Que de sacrifices semblables j'ai
pourtant déjà faits à la vérité ! mais quel
sincère apôtre a jamais refusé le mar-
tyre?

En outre du sommeil magnétique, de
l'extase et du somnambulisme naturel, il
existe encore une espèce de somnambulisme qui ne diffère sans doute de ces

derniers que par la cause qui le fait naître;
je veux parler du somnambulisme déterminé par certains médicaments, tels que
l'opium, la belladone, etc. Il s'en faut
beaucoup que cette espèce de somnambulisme soit un des symptômes constants
de l'intoxication par les narcotiques ;
mais il est certain que ces substances ad-
ministrées à certaines doses et dans des
conditions qu'on n'a point encore déter-
minées, donnent lieu à un état singulier,
et qui ne saurait être comparé qu'au sommeil magnétique. M. le docteur Frapart
m'a communiqué plusieurs observations
qui ne me laissent aucun doute à ce sujet. Le somnambulisme est donc une manière d'être anormale, il est vrai, mais
pourtant inhérente à notre nature, et
telle que chaque individu en renferme
en soi-même les éléments et souvent les
causes. « La volonté de l'homme, dit

l'auteur de la lettre à Deleuze, n'est
qu'un des moyens pour exciter dans l'organisation cette force instinctive ou mé-
diatrice (comme on voudra la nommer)
qui acquiert son plus haut développement
dans le somnambulisme. De l'eau simple,
l'eau de mer, des métaux, des douleurs
violentes, des maladies, des dispositions
intérieures dont la nature nous est incon-
nue, peuvent le mettre en jeu sans que
la volonté d'un autre individu y joue un
rôle actif. On a donc trop mis sur le
compte de la volonté et de la bienveil-
lance pour l'exciter; je crois plutôt que,
cette force une fois éveillée, la raison
éclairée, et la volonté bienveillante sont
nécessaires pour la diriger convenable-
ment, parce qu'il est extrêmement rare
qu'elle puisse se servir à elle-même de
boussole. Il me paraît qu'un esprit supé-
rieur et une volonté bienveillante, soute-

nues par des connaissances positives et
une grande expérience, lui impriment
une direction salutaire ; tandis qu'une
mauvaise volonté, des passions égoïstes ,
et le manque d'expérience , peuvent la
désordonner, la pousser jusqu'à l'aliénation mentale, et la faire flotter vaguement
sur un océan obscur, où jusqu'à présent
bien peu d'étoiles éclairent le voyageur. »
Ces rêveries toutes germaniques sont
sans contredit pourvues d'un grand fond
de vérité ; mais, sans décider encore s'il
est ou non besoin de *diriger* la lucidité
des somnambules, nous résumons ainsi
l'idée fondamentale que renferme ce pas-
sage et que nous faisons profession de foi
d'adopter : Toutes les espèces du somnambulisme consistent en un certain état
du système nerveux que peuvent déterminer indifféremment une multitude de
causes sans analogie entre elles. — C'est

ainsi que la propre volonté du somnambule peut être substituée à la volonté du magnétiseur, puisqu'il est des sujets qui s'endorment et s'éveillent seuls et quand cela leur plaît; c'est ainsi qu'une certaine disposition organique équivaut à toute espèce de volonté, puisque le somnambulisme se produit assez souvent de lui-même; c'est ainsi qu'une maladie (l'extase) donne lieu au même résultat. Enfin c'est encore ainsi que plusieurs agents médicamenteux peuvent remplacer la volonté, les passes, etc., etc., pour engendrer les mêmes effets. — Cette question délicate fut un jour pour moi un sujet d'entretenir avec une jeune somnambule que j'ai déjà citée souvent :

— Quelle différence, lui disais-je, pensez-vous qu'il existe entre le somnambulisme naturel et le somnambulisme artificiel?

— Aucune pour moi.

— Vous vous trouvez donc, lorsque vous vous magnétisez, la même que lorsqu'on vous magnétise?

— Absolument.

— Vous ne croyez donc point à l'existence du fluide?

— Je ne l'ai jamais vu.

— Mais comment vous expliquez-vous qu'un somnambule puisse penser par son magnétiseur?

— Parce que le premier devine la pensée de celui-ci et a la déférence de s'y soumettre.

— D'où vient donc l'étroitesse des rapports qui les unissent?

— De leur contact et *de l'habitude.*

— Mais enfin cette communauté de pensée?

— Eh! monsieur, vous m'avez dit que des extatiques devinaient la pensée

de toutes les personnes qui les appro-
chaient; il n'y avait pourtant pas entre
eux et elles ces prétendus liens dont vous
prétendez nous enchaîner en nous ma-
gnétisant. — Allez, vous êtes bien méde-
cin, et vous mourrez dans votre athé-
isme... car vous avez appris le matéria-
lisme avec l'anatomie.

— Je livre sans commentaires à nos
lecteurs ces réflexions d'une somnambule;
elles me paraissent dignes de leurs médi-
tations.

Quoi qu'il en soit du reste, et malgré
la large part que nous avons faite aux
agents moraux dans la production des
phénomènes magnétiques, il n'en de-
meure pas moins constant que les passes
et les frictions pratiquées dans un sens
déterminé ont aussi un pouvoir intrinsèque, puisque souvent elles ont suffi
pour produire le somnambulisme. Il s'en-

suit donc qu'on magnétiserait un homme
de la même manière absolument qu'on
charge d'électricité le plateau résineux
d'un électrophore. Les deux faits seraient-
ils identiques? Je ne le pense pas, mais
je ne voudrais point me charger de dé-
montrer le contraire. Bien plus, c'est que
les corps réputés électriques sont aussi
doués d'une vertu magnétique toute par-
ticulière. On sait par exemple qu'on élec-
trise certaines surfaces polies en les frap-
pant d'une peau de chat; eh bien ! les
chats produisent un effet des plus marqués sur tous les somnambules, et il ne
fallait pas plus que le simple contact
d'un de ces animaux pour mettre en crise
Mlle Estelle l'Hardy, l'une des catalepti-
ques de M. Despine. Les somnambules
sont aussi fort sensibles au contact et
même à l'approche des substances métal-
liques. Le cuivre surtout les affecte péni-

3*

blement. Les personnes qui se trouvaient avec nous à celles des séances de M. Richard dont nous avons donné le procès-verbal, ont pu se convaincre de cette circonstance.—Caliste, en passant devant des dames, s'arrête tout d'un coup en s'écriant avec une sorte d'effroi : Du cuivre! il y a du cuivre par là ! »—On regarde et on ne trouve rien. Cependant Caliste répète : « Je vous dis qu'il y a du cuivre» et il hésite comme qui craindrait de mettre le pied sur un serpent. Alors on se baisse, on regarde de nouveau, et le résultat de ces nouvelles enquêtes justifie les étranges appréhensions du somnambule; car on aperçoit sous la banquette l'ombrelle qu'une dame y a laissé tomber et dont la douille est en effet de cuivre.

OBSERVATIONS DE Mlle CLARY D..

Mlle Clary D. est âgée de 11 ans et demi. Elle est d'une intelligence précoce,
mais naturellement d'une santé frêle; elle
est de plus débilitée par une longue et
cruelle maladie, et sa famille conçoit sur
son avenir des craintes que l'évènement
ne doit que trop réaliser.

Ce fut le 6 mai 1810 que je fus pour la
première fois appelé à donner mes soins
à cette jeune personne. Je la trouvai dans
son lit, la face amaigrie et décolorée, le
pouls fébrile et la peau brûlante. Mlle
Clary, qui, ainsi que nous le dirons tout
à l'heure, avait été déjà magnétisée plusieurs fois, ne recevait la visite d'un mé-
decin qu'avec une sorte de répugnance.
Cependant, la manière de voir que j'ex-
primai devant elle sur le magnétisme me

valut d'être bien accueilli d'elle, et, après l'avoir interrogée sur les antécédents de sa maladie, je procédai à un examen symptomatique des plus circonstanciés. La conclusion de mes recherches fut qu'il existait : 1. une fonte tuberculeuse dans les lobes supérieurs du poumon droit ; 2. des tubercules assez volumineux dans le mésentère ; 3. enfin, une affection gastro-intestinale qui pouvait bien n'être que la conséquence des altérations organiques précédentes.

Comme on le voit, le cas était plus que grave ; il était désespéré. Cependant je m'informai de la médication qui jusqu'alors avait été suivie ; on me le dit ; mais c'était un galimatias à n'y rien comprendre. Quand toutes les commères de la province se fussent ensemble donné rendez-vous chez Mme D. pour faire des ordonnances à sa fille, il n'en serait pas résulté une thérapeutique plus étrange , plus compliquée. C'étaient les pieds qu'on avait chaussés de *pigeons égorgés vivants*; c'étaient des emplâtres dont on avait couvert le ventre et la poitrine; des fumigations de toutes les espèces, des drogues , des tisanes, des potions, comme jamais pharmacien n'en a préparées ; c'étaient des lavements de séné, de casse, etc. ; enfin des médecins qui rappelaient M. Diafoirus, et dont le nombre eût satisfait le *malade imaginaire.* Or, ces purgatifs , ces révulsifs, ces emplâtres et ces clystères, qui les avait prescrits? une somnambule *se disant lucide.* Avis au lecteur ; mais passons; car là ne gît, non plus que dans la prescription que je fis à mon tour, l'importance du fait que je prétends opposer à la théorie de M. Bertrand.

Mlle Cláry, je le répète, avait été ma-

gnétisée plusieurs fois ; on la consulta
inutilement pour elle-même, parce qu'elle
n'eut jamais *l'instinct des remèdes;* mais
à part cela, elle fut pendant quelque
temps admirablement lucide, et si mal-
heureusement elle ne put pas se tracer
un traitement, elle nous fit jour par jour
et cela long-temps à l'avance, tout le
pronostic de sa maladie. Voici le résumé
de la dernière séance où elle fut endormie (15 mai 1840) :

— Comment vous trouvez-vous, ma-
demoiselle ?

— Très-mal.

— Où souffrez-vous ?

— Partout.

— Mais où souffrez-vous le plus ?

— Dans le ventre.

— Dans quelle partie du ventre ?

— Plus bas que l'estomac.

— Vous voyez vos intestins ?

— Oui, monsieur.

— Et qu'y voyez-vous?

— Des taches rouges de sang et d'autres noirâtres; puis, dans une place longue comme la main, une multitude de petits boutons rouges.

— Est-ce tout?

— Oui, monsieur.

— Comment voyez-vous vos poumons?

— Comme desséchés.

— Ne vous semblent-ils pas, dans leur partie supérieure, parsemés de *grains blancs?*

— Je ne *vois* pas assez bien pour le dire.

— Et vous ne savez pas ce qu'il faudrait vous faire pour vous guérir?

— Non, monsieur.

— Comment irez-vous demain?

— Un peu mieux qu'aujourd'hui.

— Après demain?

— J'aurai beaucoup de fièvre.

— Comment irez-vous le 25 de ce mois?

— Très-mal.

— Le 1er juin?

— Plus mal encore; j'aurai tout le corps enflé.

— Et ensuite?

— Le deux et trois!... oh! que je serai malade! Mon Dieu! mon Dieu!

— Et ensuite?

— Attendez...

Mlle Clary hésite, réfléchit long-temps; enfin elle nous dit : — Le quatre... je ne vois plus rien.

On l'éveilla; elle ne garda aucun souvenir de tout ce qu'elle avait dit, et je recommandai expressément qu'on ne lui en parlât pas. Cependant tout se passa à peu près comme elle l'avait prédit , jusqu'au quatre juin, jour où Mlle Clary D. mourut.

Cette observation est curieuse sous plus d'un rapport. D'abord elle est une preuve irrécusable de la prévision des somnambules ; mais, en outre , cette prévision entraîne après elle une sorte de fatalité désespérante, puisque, quoi qu'on fasse, quelque méthode qu'on suive , l'événement doit s'accomplir et la mort arriver à l'heure dite, sans qu'il y ait au monde un moyen de la retarder d'une heure.

Or, maintenant, je demande à M. Bertrand si c'est parce que Mlle Clary a fixé l'époque de son agonie que d'ailleurs elle n'a pas caractérisée) , que cette agonie survient juste à l'époque indiquée ? Est-ce enfin parce qu'elle a dit qu'au 4 juin elle cessait d'y voir, que Mlle Clary meurt justement le 4 juin ? Il n'y a pas de milieu ; ou il faut nier le fait que je viens de rapporter, et dix personnes l'attesteront avec moi ; ou il faut croire comme nous l'entendons à la prévision des somnambules.

4. DE LA PRÉVISION EXTÉRIEURE.

Sans parler ici de la prévision qui constitue le pronostic des somnambules lucides relativement aux crises ou aux divers phénomènes qui sont destinés à survenir chez les malades que l'on met en rapport avec eux, quelques sujets, fort rares à la vérité, possèdent l'incompréhensible faculté de prédire pendant leur somnambulisme des évènements auxquels leur existence se trouvera mêlée, mais dont la cause, évidemment étrangère à leur économie, ne saurait avoir avec elle aucune espèce de relation explicables. Nous allons en donner quelques exemples :

Le 8 mai dernier (c'était un vendredi).

je magnétisai Mme Hortense***, dont nous avons déjà rapporté plusieurs observations au sujet de la vision sans le secours des yeux. Le jour dont je parle, cette jeune dame était d'une admirable lucidité; mais, pour des raisons que l'on conçoit sans que nous ayons besoin de les dire, nous avions renoncé depuis longtemps avec elle aux expériences de pure curiosité, et il ne s'agissait plus dans nos séances que de sa santé ou de la nôtre. Cette fois, je me trouvais donc seul avec elle et son mari, et, après l'avoir interrogée quelques minutes sur des objets plus ou moins indifférents, nous voulûmes savoir jusqu'où pouvait aller sa pénétration de l'avenir; mais nonobstant la forme de nos questions, la destinée de Mme*** revenait toujours se mêler à nos réponses. Elle découvrait l'avenir, mais dans une seule direction, celle qu'elle

devait parcourir. Cependant, entre autres choses frappantes, elle nous dit ceci :
« Je suis enceinte de quinze jours, mais
je n'accoucherai pas à terme, et j'en ressens déjà un chagrin cuisant. Mardi pro-
chain (12 courant), *j'aurai peur de quelque chose*, je ferai une chute, et il en ré-
sultera une fausse couche. » Je confesse,
malgré tout ce que j'avais vu déjà, qu'un
des points de cette prophétie révoltait
ma raison. En effet, je concevais fort bien
la chute et tout ce qui pourrait s'en suivre ; j'allais même jusqu'à concevoir la
peur ; mais le motif de cette peur, voilà
ce qui me confondait.

— De quoi donc aurez-vous peur, madame, lui demandai-je avec une expression d'intérêt qui était loin d'être si-
mulée ?

— Je n'en sais rien, monsieur.

— Mais où cela vous arrivera-t-il ? où

ferez-vous votre chute?

— Je ne puis le dire ; je n'en sais rien.

— Et il y a aucun moyen d'éviter tout cela?

— Aucun.

— Si pourtant nous ne vous quittions pas ?

— Cela n'y ferait rien.

— Dieu seul pourrait donc prévenir l'accident que vous redoutez?

— Dieu seul ; mais il ne le fera pas , et j'en suis profondément affligée.

— Et vous serez bien malade ?

— Oui, pendant trois jours.

— Savez-vous au juste ce que vous éprouverez?

— Sans doute, et je vais vous le dire : Mardi, à trois heures et demie , aussitôt après avoir été effrayée, j'aurai une fai- blesse qui durera huit minutes; après cette faiblesse, je serai prise de maux de

reins très-violents qui dureront le reste
du jour et se prolongeront toute la nuit.
Le mercredi matin, je commencerai à
perdre du sang ; cette perte augmentera
avec rapidité et deviendra très-abon-
dante. Cependant il n'y aura pas à s'en
inquiéter; car elle ne me fera pas mourir.
Le jeudi matin, je serai beaucoup mieux,
je pourrai même quitter mon lit presque
toute la journée; mais le soir, à cinq
heures et demie, j'aurai une nouvelle
perte qui sera suivie de délire. La nuit
du jeudi au vendredi sera bonne ; mais
le vendrdi soir j'aurai perdu la raison. »

Mme Hortense ne parlait plus ; et sans
croire explicitement à ce qu'elle nous di-
sait, nous en étions tellement frappés,
que nous ne songions plus à l'interroger.
Cependant M.***, vivement ému du récit
de sa femme, et surtout de ses dernières
paroles, lui demanda avec une indescrip-

tible anxiété si elle serait long-temps en démence.

— Trois jours, répondit-elle avec un calme parfait. Puis elle ajouta avec une douceur pleine de grâce : « Va ne t'inquiète pas, Alfred, je ne resterai pas folle et je ne mourrai pas ; je souffrirai , voilà tout. »

DU SOMNAMBULISME LUCIDE.

En nous rappelant les prodigieux souvenirs que nous a transmis l'histoire des extatiques célèbres, tels que saint Cyprien, saint Paul l'Anachorète, le Tasse , Mahomet, Cardan, etc. ; en nous rappelant surtout les curieuses observations que nous a laissées Petétin de Lyon , et celles qu'ont plus récemment publiées MM. les docteurs Barrier de Privas, Despine d'Aixe-les-Bains, etc., nous ne pouvons nous refuser à admettre qu'il existe

une ressemblance lucide et certaine forme
de l'extase. Mais comme cette question
de haute philosophie médicale ne saurait
être débattue dans un livre élémentaire
de la nature de celui-ci, nous nous con-
tentons de la mentionner sans en entre-
prendre la discussion. C'est qu'en effet,
du point de vue dont nous l'envisageons,
le sujet que nous allons embrasser nous
paraît en lui-même assez vaste pour que
nous ne pensions pas devoir l'élargir encore par des digressions excentriques.
Nous voici sur un terrain nouveau, à
peine connu, où chaque objet tient du
prodige, et dont il est impossible de faire une description exacte sans passer
pour un fourbe ou un halluciné ; mais
qu'à cela ne tienne : la réputation d'un
homme quel qu'il soit, ne vaut pas autant
qu'une grande vérité ; et si nos récits semblent aujourd'hui monstrueux ou ridi-

cules à certains esprits forts, avant dix
ans ils seront autrement jugés, car le magnétisme aura eu gain de cause.

Tous les somnambules ne sont pas lucides; mais la plupart d'entre eux le deviennent plus ou moins après un nombre suffisant d'expériences. Quelques-uns
sont lucides dès la première séance,
d'autres ne le sont qu'à la seconde, d'autres à la troisième, d'autres enfin, et
c'est le plus grand nombre, ne le deviennent qu'après huit ou dix séances; mais
dans ce cas ils sentent et annoncent plusieurs jours à l'avance le jour et l'heure
où ils *verront*. Ce qui leur advient alors
les étonne beaucoup, et la description
qu'ils en donnent diffère suivant leur caractère et l'éducation qu'ils ont reçue;
mais en définitive cette description, constamment la même quant au fond, ne va-
rie jamais que par la forme. C'est toujours

4

une *vive lumière* dont ils sont inondés, un *beau soleil*, suivant l'expression de Catherine Sanson, qui frappe subitement leurs yeux. Une jeune personne du département de la Haute-Saône, que je maguétise actuellement, s'écria le jour de sa lucidité : *Oh! je vois! je vois loin, bien loin, je vois partout! Voilà votre pays, voilà le mien* (et notez que sa main indiquait fort exactement la direction dans laquelle se trouvaient par rapport à nous les lieux dont elle parlait) ; *voilà ma mère qui épluche des herbes pour son souper! Oh que c'est drôle! que c'est drôle! etc.*

La lucidité paraît dépendre de circonstances très-complexes; et d'autant plus difficiles à déterminer, qu'à chaque instant les faits qui pourraient à ce sujet fournir quelques inductions semblent se contredire entre eux ; ainsi: tandis que des malades *presque agonisants* sont par-

faitement lucides ; d'autres sujets cessent
de l'être à la moindre indisposition qui
leur arrive. Bien plus, presque tous les
malades qu'on magnétise deviennent lucides, alors que, par opposition, presque tous les somnambules en bonne santé
perdent leur lucidité en contractant une
maladie.

Au surplus, la lucidité ne paraît jamais durer qu'un temps limité, lequel,
suivant les tempéraments et surtout suivant les procédés et les précautions des
magnétiseurs, peut varier depuis huit
jours à dix ans. En général, il est bon
sous tous les rapports de ne point contra-
rier les somnambules dans ce qu'ils font
ou dans ce qu'ils disent, de ne point les
fatiguer par des expériences de pure curiosité et sans cesse renouvelées ; enfin,
de ne point exiger d'eux au-delà de ce
qu'ils déclarent pouvoir faire aisément.

On peut d'ailleurs résumer tous ces con-
seils en un seul : Dès qu'il s'agit de l'intérêt personnel d'un somnambule, con-
sultez-le lui-même, et rapportez-vous-en
explicitement à l'avis qu'il vous aura
donné ; lorsqu'il s'agit d'eux-mêmes, les
somnambules ne se trompent jamais.

Le plus ordinairement, la lucidité
n'est point permanente, et ne se repro-
duit que d'intervalle en intervalle. C'est
encore ici qu'il est indispensable d'interroger les somnambules pour connaître
le retour de ces sortes d'éclipses, qu'ils
prédisent à une seconde près plusieurs
jours à l'avance. Le peu de compte que
le public médical a jusqu'à présent tenu
de ces prédictions a été, pour le dire en
passant, une des grandes causes de la
défaveur où se trouve encore le magnétisme. Votre somnambule vous annonce
qu'elle *lira* tel jour à 4 heures de l'après-

midi. Cela dit, vous vous croyez en mesure, et vous conviez vos témoins pour
l'instant indiqué. Déception! Messieurs
de l'Académie croient encore faire trop
d'honneur au magnétisme en se rendant
chez vous à 5 heures, et l'expérience est
manquée.

On se tromperait grossièrement si l'on
s'imaginait que tout le merveilleux de la
lucidité se réduise à un simple phéno-
mène de vision. Indépendamment d'une
admirable exaltation de toutes les facultés de l'intellect, des facultés sans analogie et inconnues au physologiste, se
sont révélées alors chez le somnambule.
Sa mémoire domine toute son existence;
un indéfinissable instinct l'associe à tous
les évènements du moment actuel, et
nous verrons plus tard, jusqu'à quel point
il parvient même jusqu'à soulever le voile
de l'avenir.

4*

Vision sans le secours des yeux, — intuition, — prévision intérieure, — pénétration de la pensée, — transpiration des sens, tels sont les titres sous lesquels nous allons successivement passer en revue les phénomènes du sommeil lucide ; réservant l'*instinct des remèdes* pour le chapître que nous consacrons à la médecine des somnambules.

VISION SANS LE SECOURS DES YEUX.

Voici une de ces questions capitales dont la solution définitive ne laissera pas de retraite à l'incrédulité, et fera tout au moins regarder comme raisonnables les autres *visions* des magnétiseurs. Nos lecteurs nous pardonneront donc la minutie de nos détails.

Appliquer un bandeau sur les yeux d'un somnambule ; faire *lire* ce somnambule dans cet état; et s'il lit, être convaincu, ou qu'il voit sans ses yeux ou qu'il voit à travers son bandeau, c'est là, ce vous semble une expérience simple, concluante et sans réplique? Pauvre gens ! Ils pensaient aussi comme vous, MM. Orfila, Pariset, Gueneau de Mussy, Adelon, Bousquet. Réveillé Parisse, Ribes, notre divine Sand, etc., alors qu'ils ont loyalement apposé leur signature au bas de l'un des procès-verbaux des séances Pigeaires! Eh bien! tous ces illustres personnages étaient dans l'erreur, comme vous, comme le commun des martyrs. Ignorez-vous, en effet, qu'il y a de par le monde une certaine Académie..... Oh! si c'était ici le lieu de tout dire? mais patience! le temps des représailles approche, et justice sera faite à tous.

La vision à travers les paupières closes et à travers les corps opaques est non-seulement un fait réel, mais un fait *très-fréquent.* Il n'est pas de magnétiseur qui ne l'ait observé vingt fois, et je connais aujourd'hui, dans Paris seulement, un fort grand nombre de somnambules qui pourraient en fournir la preuve.

CONDITIONS NÉCESSAIRES A LA PRODUCTION DES PHÉNOMÈNES MAGNÉTIQUES.

Quelle que soit l'idée qu'on se fasse du magnétisme, quelle que soit le théorie à laquelle on rattache les phenomènes qu'il détermine, il me semble qu'une déduction rationnelle de cette théorie est que tous les hommes peuvent être tour à tour, et suivant les conditions physiques ou morales dans lesquelles on les place, magnétiseurs et magnétisés. En effet, en invoquant l'analogie des faits psychologiques et des caractères d'antrophologie qui nous sont connus, il n'est guère supposable qu'une faculté dont est douée une organisation quelconque ne se retrouve pas, au moins à l'état rudimentaire, dans une organisation analogue. Seulement, il est permis de penser que, sur un assez grand nombre d'individus, l'influence magnétique, tout en s'exerçant suivant sa nature et son mode ordinaire, non-seulement ne se manifeste pas d'une manière appréciable pour l'observateur ; mais encore échappe à la perception de celui même qui en est l'objet. — Je vais plus loin, je crois (abstraction faite de l'intervention purement imaginaire de toute espèce de *fluide*), je crois, dis-je, que cette influence s'exerce constamment, bien que d'une manière latente, de telle façon que tous les hommes, et peut-être tous les êtres de la nature, sont réciproquement et in-

cessamment magnétisés. Cela est subtil,
je le sais, et bien éloigné encore d'être
susceptible de démonstration rigoureuse;
mais, à tout prendre, si cette loi, que l'on
peut à peine encore pressentir, devenait
un jour axiome de physiologie, devrait-
elle nous étonner davantage que les phénomènes de la pesanteur; de la gravita-
tion, etc. ? Non sans doute ; et je ne serais
nullement étonné en apprenant que ce
pouvoir magique que certains hommes
exercent sur leurs semblables n'est qu'un
pouvoir *magnétique*. Des soldats qui ne
l'avaient jamais vu ont deviné Napoléon ;
et Aristide, au dire de Platon, avançait
dans l'étude de la sagesse par cela seul
qu'il habitait la même maison que Socrate,
et il avançait encore plus alors qu'il habitait la même chambre ; enfin, le progrès
était plus grand encore, lorsque le disci-
ple, assis à côté du maître, pouvait en être

touché. Ces réflexions, qui paraîtront étranges à plus d'un *profane*, ne seront bien comprises que des magnétiseurs ; mais passent quelques siècles, et cette simple idée que nous laissons tomber ici au hasard et sous forme de rêverie, cette idée à laquelle un petit nombre de lecteurs seulement prendront garde, et dont Voltaire eût assurément fait autant de cas que d'une des dissertations *quintessentiées* de l'hôtel Rambouillet ; cette idée, dis-je, deviendra peut-être la base d'un nouveau et grand système d'anthropologie. Mais ce n'est point ici le lieu de développer longuement des espérances que trop de gens encore trouveraient extravagantes ; d'ailleurs, c'est un livre pratique que nous avons pris l'engagement d'écrire, et nous pensons avoir tenu notre promesse.

TABLE DES MATIÈRES,

Contenues dans cet ouvrage.

FIN.

www.ingramcontent.com/pod-product-compliance
Lightning Source LLC
Chambersburg PA
CBHW071239200326
41521CB00009B/1540